Couvertures supérieure et inférieure manquantes.

DESCRIPTION EXACTE

DES

GRANDS TRAVAUX

DU PALAIS ET DU PARC

DE

L'EXPOSITION UNIVERSELLE DE 1867

A PARIS

Typ. Rouge frères, Dunon et Fresné, rue du Four-St-Germain, 43.

DESCRIPTION EXACTE

DES

GRANDS TRAVAUX

DU PALAIS ET DU PARC

DE

L'EXPOSITION UNIVERSELLE DE 1867

A PARIS

PAR

O. MASSELIN et A. JUQUIN

> Nourri dans le sérail,
> j'en connais les détours.
>
> O. M.

PARIS

CHEZ O. MASSELIN
9, BOULEVARD DENAIN, 9

A L'ADMINISTRATION
du Journal *LE BATIMENT*
9, RUE SAUVAL, 9

1866

LES GRANDS TRAVAUX

DE

L'EXPOSITION UNIVERSELLE DE 1867

A PARIS

CHAPITRE PREMIER

—

Le Palais.

La surface générale du Palais est d'environ 155,000 mètres.

Sa forme en plan se compose, au milieu, d'un rectangle de 380 mètres de long sur 110 mètres de large, sur les grands côtés duquel rayonnent deux demi-cercles de chaque 380 mètres de diamètre.

Le Palais est subdivisé par secteurs, affectés aux différentes Puissances.

Il résulte des plans dressés par M. Krantz, ingénieur en chef, que la France occupera les trois huitièmes de la surface générale partie côté de l'avenue de la Bourdonnaye.

Ainsi qu'il est possible de s'en convaincre par l'aspect seul de cet immense édifice, la ferronnerie joue le plus grand rôle dans la construction.

En effet, la grande galerie extérieure, mesurant 25 mètres de haut sur 35 mètres de large et développant environ 1,210 mètres, n'est composée que d'énormes piliers en tôle au nombre de 180, ayant 80 centimètres sur 60 à la base, sur lesquels viennent s'arc-bouter des ferrures également en tôle, montées en cinq parties et rivées sur le tas immédiatement après la mise au levage.

Ces piliers sont reliés entre eux dans le haut par un cours de sablière portant chenal, et à hauteur d'appui, par un cours de moise en tôle, formant soubassement des grands et nombreux châssis appelés à éclairer l'intérieur de cette immense galerie.

Dans le haut, un chaînage composé de deux fortes tiges en fer vient s'agrafer et se boulonner à la face extérieure de ces piliers, complétant ainsi l'armature, aussi ingénieuse que sûre, de cette série de fermes.

Le pied des 180 piliers repose sur des

semelles en fer, retenues par des boulons noyés dans la maçonnerie qui sert de point d'appui.

Le sommet des piliers, sans aucun ornement pour l'instant, est destiné à recevoir les statues des grands hommes.

Cette idée, assez heureuse, nous paraît être la seule praticable pour effacer la monotonie de cette vaste cage appelée Palais, sans doute parce qu'elle est immensément grande.

Sur la face extérieure, les entre-deux de piliers à rez-de-chaussée sont fermés par des murs en moellons, que MM. Andrand et Jullien, entrepreneurs des travaux de terrasse et maçonnerie du Palais, font exécuter en ce moment; ces murs, ravalés d'enduits, sont décorés de corniches également en plâtre, côté de l'intérieur, et sont percés de vides de portes.

Les entre-deux de piliers, côté de l'intérieur du palais, sont au contraire remplis au moyen de pans de bois très-ajourés et décorés très-simplement.

Enfin, la couverture en tôle ondulée repose sur une série de pannes en tôle, moisant les ferrures.

Cette grande galerie, destinée à l'exposition des machines qui seront disposées sur deux rangs, aura au milieu une plate-forme centrale, du dessus de laquelle les visiteurs pourront contempler l'ensemble de la marche des machines, et cela à l'abri de tout danger, au moyen du garde-corps qui couronnera cette plate-forme.

On arrivera à cette plate-forme par des monte-charges, nouveau système, et par de nombreux escaliers ayant, au palier bas, des salons de garage entourés de rampes ornementées.

Cette plate-forme, de 5 mètres de large, dissimulera un immense arbre de transmission, qui, au moyen de courroies sans fin, communiquera directement à chaque machine la force nécessaire à sa mise en mouvement.

Dix chaudières à vapeur, installées dans le Parc et rayonnant autour du Palais, sont chargées de fournir la force motrice des nombreuses machines qui donneront elles-mêmes l'impulsion nécessaire à cet arbre de transmission.

Le service des machines et leur installation sont confiés à M. Cheysson, ingénieur des ponts et chaussées, ayant sous ses ordres M. Gaucher, conducteur principal.

C'est à ce service que reviendra l'honneur du bon aménagement de cette grande galerie, en tant qu'il s'agit des machines ; et il n'y a pas à douter que cette partie du Palais ne soit une des plus intéressantes, en ce sens qu'elle est appelée à renfermer tout ce que le génie ou l'intelligence de l'homme ont pu inventer comme moyens mécaniques, soit par rapport à la locomotion, soit par rapport à la fabrication.

Il est regrettable, cependant, que cette galerie ne soit pas mieux éclairée, chose que l'on pouvait pourtant obtenir aisément, soit par des vitrages dans le haut, soit même avec les grands châssis actuels, en supprimant les dessus au moyen d'arcs tangents venant s'amortir à la sablière du chenal. Dans l'état actuel, au contraire, le jour, contrarié par la projection de l'ombre de la grande voûte, n'arrive qu'à grand'peine dans cette belle galerie, qui avait tant besoin d'un jour parfait.

Enfin, et malgré ce défaut, cette galerie n'en reste pas moins remarquable par ses dimensions colossales ; et quand elle sera

ornée et décorée, quoique ne pouvant être
un chef-d'œuvre de construction en son
genre, comme assemblage et comme aspect
elle n'en sera pas moins l'objet de commentaires flatteurs à l'adresse du savant ingénieur qui en a conçu le projet.

En avant de la grande galerie se déroule,
dans toute sa longueur, une sorte de mar-
quise divisée en deux parties, dont l'une,
close, est destinée aux aménagements des
buffets, restaurants, service médical, pom-
piers, salons de repos, water-closets, etc.,
et l'autre, non close, formera un prome-
noir couvert de 5 mètres de large.

L'extérieur du Palais sera décoré, en pein-
ture, bien entendu, au moyen de gros filets
rouges ou roses, détachés par des champs
de couleur pierre; les têtes de rivets parais-
sent appelées à recevoir de la dorure; le
plafond des toitures simulera la menuiserie.

A la suite de la grande galerie, et complétant l'intérieur du Palais, viennent d'abord :
trois galeries concentriques de construction
légère en fonte et fer, d'une largeur totale
de 69 mètres, éclairées par des châssis en
toiture, séparées l'une de l'autre par des
couloirs de dégagement de 5 mètres de

large, et destinées à l'exposition des produits manufacturiers; au centre, se trouvent deux autres galeries construites en maçonnerie, d'une largeur totale de 23 mètres 50 cent., destinées à l'exposition des objets précieux et des beaux-arts.

Enfin, la partie restante du Palais, encadrée par les murs des deux galeries qui précèdent, forme le jardin central où seront exposés les plantes et arbustes rares, ou ceux de haute valeur; les marquises qui se déroulent au pourtour de ce jardin ne manqueront certainement pas de donner du relief à cette partie du Palais, qui, pour l'instant, en raison des hautes murailles qui l'entourent, a plutôt l'air d'un cloître que d'un lieu d'agrément.

Au-dessous du sol, et dans les fondations, il a été réservé des galeries souterraines appelées à fournir l'aération constante et complète de l'intérieur du Palais, au moyen de bouches affleurant le sol, qui seront fermées par des plaques ajourées en fonte; ces galeries servent en même temps de passage aux tuyaux d'alimentation d'eau et de gaz.

Les dépenses du Palais s'élèveront à environ 11,200,000 fr.

Les travaux seront bien certainement terminés à temps, de façon que l'ouverture de l'Exposition, fixée au 1er avril 1867, soit irrévocable.

Les installations dans le Palais commenceront dans le cours de janvier prochain.

Les exposants sont nombreux, et la Commission impériale s'est vue souvent, et bien à regret, dans l'impossibilité de pouvoir satisfaire à toutes les demandes, en raison du défaut d'espace.

Si l'on considère, d'une part, que le Palais du Champ-de-Mars est vaste, comparativement à celui des Champs-Élysées, et si, d'autre part, on considère que le Parc, y compris ses dépendances, par les constructions qui s'y élèvent, est appelé à recevoir une quantité infinie d'exposants, on reconnaît forcément que l'industrie française a dû prendre, dans ces dernières années, un développement considérable pour arriver à réunir la quantité formidable d'éléments et de produits de toutes sortes qui lui permettront d'occuper à elle seule presque la moitié du Palais, le quart du Parc, la moitié de la berge et le tiers de l'annexe de Billancourt.

CHAPITRE DEUXIÈME

—

Le Parc.

Le Palais occupant la partie milieu du Champ-de-Mars, tout le surplus sera converti en Parc.

D'un côté le quai d'Orsay , de l'autre l'Ecole militaire, à gauche l'avenue de la Bourdonnaye et à droite l'avenue de Suffren, forment le contour de cet immense Parc, dont la contenance totale n'est pas moins de 30 hectares.

Deux grandes avenues divisent le Parc en quatre parties égales ; elles sont tracées dans les axes du Champ-de-Mars et aboutissent l'une, à l'Ecole militaire , l'autre au pont d'Iéna, celle de gauche à la rue Saint-Dominique , et la quatrième en face de la précédente. Ces quatre grandes avenues sont reliées entre elles par un grand boulevard elliptique, appelé à servir de dégagement aux nombreux visiteurs du Palais, et qui sera le point de ramification des nombreuses avenues secondaires et allées qui sillonnent le Parc en tous sens.

Les allées du Parc sont tellement nombreuses, que l'on évalue à 65 kilomètres le trajet que ferait celui qui les parcourrait toutes.

On arrivera au Parc par huit entrées.

L'entrée dite d'honneur, parce qu'elle est réservée à la Cour, aux grands dignitaires ou aux grands personnages étrangers, sera du côté du pont d'Iéna; les autres entrées, réservées au public, seront placées dans les pans coupés formés aux angles et aux autres points d'axe du Champ-de-Mars.

La maison Godillot, aujourd'hui représentée par Dumont et C°, ses successeurs, est chargée de l'installation et de la décoration de ces portes d'entrée.

Des tourniquets placés à chaque entrée, sauf, bien entendu, à la porte d'honneur, seront chargés de pointer quotidiennement le nombre des visiteurs.

La clôture du Parc, commencée en planches jointives de 4 m. de haut, sera modifiée, en ce sens que des jours assez nombreux seront réservés par-ci, par-là, dans son immense surface d'environ 8,000 mètres.

Quoique cette modification ne doive point enlever la laideur de cette clôture, ni son caractère mesquin, il y a lieu toutefois d'applaudir à cette mesure, venue d'*en haut,* dit-on, parce qu'elle permettra aux personnes non munies de monnaie suffisante pour mettre en action le tourniquet, de contempler, dans une certaine limite, les beautés du Parc.

Il est certain que le grand projet qui consistait à créer deux boulevards de 35 mètres de large, sur les deux longs côtés du Champ-de-Mars, était préférable; d'autant mieux que, le cas échéant, la clôture aurait été formée d'une grille d'appui de 1 m. 50 ; mais nfin.....

En tout cas, que cette clôture en planches, aussi laide que longue, doive ou ne doive pas rester, toujours est-il qu'en ce moment elle est l'objet de commentaires peu flatteurs à l'adresse du grand et savant commissaire général de l'Exposition.

Cette clôture en planches n'existera qu'au long des deux avenues qui longent le Parc; une grille sera établie du côté du quai d'Orsay ; les boutiques et remises aux voitures qui seront placées en lisière, côté de l'Ecole militaire, compléteront la clôture de cette grande enceinte appelée à renfermer les merveilles du monde entier.

Disons vite que le Parc dépassera, en beauté et en pittoresque, tout ce que le talent si connu et si bien apprécié de nos ingénieurs a produit jusqu'à présent.

Ce Parc, qui coûtera environ deux millions et demi, sera planté d'une façon merveilleuse : des mouvements de terrain très-réussis forment des vallées admirables ; de grands arbres, au nombre d'environ 500, sont chargés de protéger les visiteurs contre l'ardeur du soleil ; et, si l'on joint à cela l'attrait certain qu'offriront les nombreuses constructions particulières, toutes remarquables par leur originalité ou leur pittoresque, et le cours d'eau des rivières et du lac, on peut dire, sans crainte d'être démenti, que ce Parc des merveilles sera une merveille lui-même.

L'ingénieur chargé du service du Parc est M. Fournié, directeur il y a quelques années des travaux de construction d'un canal dans la Marne ; M. Fournié a sous ses ordres immédiats MM. Hutellier et Monnot, tous deux conducteurs des ponts et chaussées.

Le service de M. Fournié, installé actuellement dans la petite maisonnette en planches à l'angle du quai d'Orsay et de l'avenue de la Bourdonnaye, est chargé de l'aménagement et de l'installation du Parc; ce service centralise tous les ordres à donner aux différents Entrepreneurs de construction et de jardinage, et fait exécuter en ce moment les travaux de canalisation pour l'eau et le gaz : car, nous ne l'avions pas dit encore, le Parc, devant rester ouvert jusqu'à minuit, sera éclairé par des réverbères semblables à ceux de nos beaux boulevards, et sortant comme eux de l'usine électro-métallurgique de M. Oudry, à Auteuil.

Le service de M. Fournié est aussi chargé de l'implantation des nombreuses constructions faites pour le compte des exposants et destinées à recevoir l'exposition de produits spéciaux, et les spécimens des outils, machines et ustensiles servant à leur fabrication ; d'autres, au contraire, fabriqueront leurs produits, séance tenante, au vu et au su des visiteurs.

Ce service est également chargé de tous les travaux de terrassement et de construction des chaussées, avenues et allées.

Comme le public n'entrera pas en voiture dans le Parc, il sera installé un service de fauteuils roulants — j'allais presque dire de chaises à porteurs — dont MM. Duval frères, tapissiers, sont les concessionnaires.

Des bancs et des chaises, système Tronchon ou équivalent, seront placés en bordure des pelouses et massifs.

Beaucoup de visiteurs devant arriver par le chemin de fer de Ceinture, dont la gare se trouve placée du côté de Grenelle, à l'angle du quai de Javel et de l'avenue de Suffren, cette gare se trouvera en communication directe avec le Parc au moyen de deux passerelles, l'une pour l'entrée, l'autre pour la sortie; et comme cette année la pluie nous a ennuyés très-fort et nous a suggéré des réflexions, il sera établi au pied des passerelles une galerie couverte communiquant au Palais, de telle façon qu'en cas de mauvais temps les voyageurs n'encombrent point la gare du chemin de fer.

Le Parc peut se diviser en trois parties :
1° Section française;
2° Section étrangère;
3° Jardin réservé.

Quand on arrive par le pont d'Iéna et que l'on se place à la suite du pont dans la grande avenue, la partie que l'on aperçoit à gauche est l'emplacement de la Section française; celle de droite, au contraire, est la moitié de la Section étrangère, l'autre moitié étant placée à l'angle de l'Ecole militaire et de l'avenue de Suffren.

La quatrième partie du Parc, à l'angle de l'Ecole militaire et de l'avenue de la Bourdonnaye, forme le jardin réservé.

1° SECTION FRANÇAISE.

Immédiatement en entrant par la grande avenue dont il vient d'être parlé, se trouve un bâtiment de forme rectangulaire flanqué de deux avant-corps; ce bâtiment, ayant son pendant en face, est destiné à la *photographie internationale* dont M. Lacan est le concessionnaire. On y fera le portrait, et surtout la vente des produits photographiques; ce sera en même temps un lieu d'exposition de produits photographiques de tous pays et de tous genres.

En lisière sur le quai d'Orsay, et toujours à gauche, seront installés des postes et violons, car, en toutes choses, cet accessoire est nécessaire ; peut-être arriverons-nous à nous en passer, mais, en tout cas, ce ne sera pas encore l'année prochaine ; et heureux qui y entrera le premier, car on y pendra... la crémaillère en son honneur, s'agissant d'un bâtiment neuf, avec pièces à feu (cheminées.)

A la suite, un bâtiment de peu d'apparence servira d'exposition aux produits de la Société des betons agglomérés, Coignet et Cᵉ.

Un peu en avant, la construction en briques jaunes, couverte de différents échantillons de tuiles, ardoises ou zinc, sera bien certainement la construction la plus intéressante du Parc ;—c'est une CHAPELLE destinée à l'exposition des objets d'art religieux à l'usage du culte catholique. — Originale en son genre et de style XIIIᵉ siècle, elle renfermera une collection de verrières dont la beauté est difficile à décrire, tant à cause du fini que de la composition du dessin, et qui ne seraient pas le moins du monde déplacées dans nos plus belles cathédrales de France. L'idée de la construction de cette chapelle appartient à M. Levêque, peintre-verrier à Beauvais (Oise), et à M. Brien, archi-tecte de l'arrondissement du Havre, qui en a dressé les plans et qui en dirige les travaux. Leur but a été de mettre à la portée des ar-tistes français des emplacements convenables et en rapport avec le caractère religieux des produits à exposer. — Ajoutons de plus que ce petit bâtiment, unique en son genre, étant isolé, sera éclairé d'une façon parfaite, ce qui convient tant aux vitraux : de sorte que le visiteur pourra contempler une verrière éclairée par le soleil et apprécier en même temps l'effet contraire sur la façade opposée. Le même avantage en résultera pour les autres objets exposés, tels qu'autels et leurs garnitures, croix, appuis de communion, statuettes, culs-de-lampe, chemins de la croix, chasublerie, plastique, chaire à prê-cher, etc., etc. ; en un mot, ornements d'é-glise et tous objets d'art à l'usage du culte catholique.

Chaque objet étant à sa place, le visiteur en appréciera l'effet sans avoir à se creuser la tête pour en calculer les proportions, comme cela arriverait inévitablement dans une exposition ordinaire, où les produits seraient placés bout-ci, bout-là, dans des montres hermétiquement fermées.

Cette chapelle, d'une surface intérieure de 600 mètres, est composée d'une grande nef, deux basses nefs, deux grandes chapelles, deux autres petites, et l'abside au fond ; elle a ses entrées sur les côtés.

Le plan de cette chapelle, très-irrégulier quoique symétrique, est d'un très-bel aspect en élévation, et sera encore d'un meilleur effet par les jeux d'ombre à l'intérieur.

Vingt-huit contreforts extérieurs maintiennent la poussée des voûtes intérieures.

Une galerie, placée au-dessus de l'entablement, sera formée d'un garde-corps en simili-pierre destiné à former balustrade au devant du chenal. Ce chenal est appelé à servir à la fois de passage aux visiteurs et de canal aux eaux de la couverture qui, du cheneau, se déverseront dans les vingt-huit gargouilles placées aux angles des chapelles et dans les axes des contreforts.

Les voûtes d'arêtes à l'intérieur, celles des basses nefs seront d'un système inconnu à Paris ; elles seront toutes en plâtre coulé et modelé suivant les courbures et sinuosités diverses du plafond de ces voûtes et de leurs nervures, qui développent à elles seules 540 mètres de long. Ces voûtes, construites sans cintre et sans aucun des accessoires très-coûteux usités à Paris, seront, sans nul doute, l'objet de la plus sérieuse attention de la part des Entrepreneurs et des architectes de Paris.

Un carrelage également inconnu à Paris sera aussi très-remarquable.

Enfin, et pour compléter l'intérieur de cette petite église sans flèche ni clocher, de très-jolis buffets d'orgue sortant des meilleures fabriques de Paris seront placés à l'endroit qui leur convient, et feront entendre, à de certains intervalles, leurs sons harmonieux et solennels aux nombreux admirateurs du beau et aux amis sincères de l'art : car, tout a été sacrifié pour l'art.

Cette chapelle, très-ornementée à l'extérieur, contiendra également des projets de construction d'églises, les uns déjà couronnés dans des concours, les autres refusés. Il y en aura un, surtout, dont l'auteur a remporté un second prix qui lui a été décerné par l'administration d'une des villes importantes de France. Il y a même eu, dit-on, à propos de ce beau projet qui faisait l'enthou-

₅iasme de la majorité des habitants de la ville en question, une sorte de désaccord entre l'opinion publique et celle du jury. En cette occurrence, il n'est donc pas fâcheux que la construction de la chapelle du Parc renferme les plans et détails de ce projet mis au second rang, alors que celui placé au premier rang n'était pas (toujours selon l'opinion publique) des plus satisfaisants. Au reste, les visiteurs pourront apprécier, au moyen de cette sorte de *salon des refusés*, le mérite réel des artistes.

Cette chapelle servira de type également pour les églises de campagne, où le budget des communes est fort restreint.

Un tableau placé à l'intérieur indiquera aux amateurs le prix de revient de cette chapelle qui, à force de combinaisons diverses, sera accessible aux petites bourses, bien que la construction en soit remarquable; ainsi, la charpente du comble mérite d'être signalée, c'est un petit chef-d'œuvre, précisément parce qu'on a su allier l'économie à la science des coupes et épures de bois et à la solidité.

Le concessionnaire officiel, M. Levêque, étant de Beauvais, la province, on le voit, n'est pas si en retard qu'un vieux préjugé semble le faire croire, surtout lorsqu'il s'agit de manifestations en faveur des arts et du beau, et nous regrettons que nos bons artistes parisiens, d'ordinaire si bien inspirés (prétend-on), n'aient pas songé à créer, eux aussi, un monument rival de celui-ci.

C'eût été le cas de juger le bien ou mal fondé du préjugé regrettable auquel nous faisions allusion tout à l'heure, et qui, malgré cela, n'en conservera pas moins ses partisans.

On ne sait pas si cette chapelle sera livrée au culte ; cependant il y a tout lieu de croire que, s'il en est ainsi, le service divin sera fait de bonne heure, de façon à laisser libre l'exposition, et à ne pas froisser ni troubler la conscience des visiteurs appartenant à toute autre religion ou à tout autre culte.

Au pied de la façade principale de la chapelle, il a été pratiqué une assez grande excavation, dont les parois sont aujourd'hui recouvertes d'une couche de maçonnerie grisâtre.

C'est le *grand lac du Parc.*

Ce lac est alimenté par le réservoir du Trocadéro, et sert en même temps de décharge aux nombreux petits égouts du Parc, construits en béton, système Coignet.

A l'angle nord-ouest de ce lac, un rocher s'élève en ce moment et dissimule un énorme massif en maçonnerie et béton, destiné à recevoir le phare construit par la maison Rigolot, pour le compte du ministère de la marine.

La lanterne de ce phare et tout ce qui a trait à la construction technique sont confiés à M. Lepaute.

Ce phare, d'une hauteur de 50 mètres, est destiné également au service des nombreuses expériences d'éclairage électrique, qui pourront être faites soit pour le compte de l'administration, soit pour le compte des exposants.

Un pont rustique relie le rocher à la terre ferme, et permettra ainsi aux visiteurs du Parc de monter au sommet de ce phare, par l'escalier intérieur qui y sera ménagé.

Le bâtiment en vedette, surmonté d'un dôme, que l'on aperçoit de la rive du lac, renferme les *ateliers photographiques de Pierre Petit*, les salons d'exposition et les comptoirs de vente. — Ce bâtiment, d'une surface d'environ 340 mètres, con-

tient l'aménagement complet d'un établissement photographique ; galeries vitrées, ter-
rasses, grand vestibule, caisse, cabinet de
réception , chemin de ronde sur les toits
pour la prise des clichés, chambre noire,
atelier de collage, etc., etc. L'architecte,
M. Allard, a su allier le nécessaire au con-
fort et l'utile à l'agréable.

Plus avant et longeant l'avenue de la
Bourdonnaye, les hangars en charpente
adossés à la clôture en planches sont des-
tinés à renfermer les produits du génie ci-
vil, machines, véhicules de chemins de
fer, etc., etc. Ces hangars sont construits
aux frais des exposants.

A la suite de ces hangars, une construction de faible apparence, en briques, est destinée à la boulangerie centrale.

En face se trouve le théâtre, resté en sus-
pens faute d'accord, sans doute, entre les concessionnaires; nous ne savons ce que sera
ce théâtre et s'il sera joli, mais, en tout cas,
le peu de maçonnerie faite indique suffisam-
ment que cette construction sera assez
grande pour contenir au moins 1,200 personnes. Quoi qu'il en soit, les murs actuels,
couronnés par un liséré rouge à leur crête,

font triste mine dans le Parc, tant à cause de leurs inégalités et irrégularités, qu'à cause de leur exécution mal soignée. On a dit que M. Holstein, concessionnaire dans l'origine, s'était retiré pour faire place à M. Raphaël Félix, et que c'était à cause de ce changement dans la direction que les travaux subissaient un arrêt; nous nous bornons à répéter ce bruit, sans rien affirmer.

A côté de cette construction et à gauche, la boulangerie Touaillon va faire construire un chalet; dès à présent, les fondations en sont faites, l'élévation sera en bois découpé, avec panneaux en carreaux de lave ou de faïence.

D'autres constructions s'élèvent encore dans le quart français: ainsi, la tente impériale de S. M. Napoléon III est cette légère construction, actuellement en charpente, surmontée d'un dôme, genre oriental, au bas duquel des marquises, formant avant-corps et déployées en éventail, servent d'abri et de couverture aux quatre parties en aile de la tente, destinées aux antisalles. L'architecte, M. Leihmann, entend revêtir les parois intérieures et extérieures de ce pavillon, très-original par sa forme, au moyen de draperies en velours, somées d'abeilles d'or, se détachant sur un fond grenat. Au reste, à cet égard, MM. Duval frères, concessionnaires de ce pavillon, sont aptes plus que personne à l'ornementer avec le goût et l'art qui conviennent à sa destination.

Longeant la grande avenue et en revenant sur le quai d'Orsay, on trouve à la suite du pavillon impérial : 1° un bâtiment de forme rectangulaire avec aile à chaque bout, destiné à l'exposition d'objets de vitraux Maréchal et C°; 2° un peu plus loin et toujours à la suite, un bâtiment composé au milieu d'une partie polygonale, flanquée de deux ailes, de forme rectangulaire, et destiné à la photosculpture; 3° à la suite, un peu plus à droite, le chalet Brochot, et le moulin à vent Lepaute.

Un peu plus avant dans le Parc, on remarque également un petit pavillon de forme rectangulaire, destiné à l'exposition des produits sortant de la cristallerie Monot.

Enfin, deux fontaines monumentales, exposées l'une par MM. Barbezat et C°, et l'autre par la maison Durenne, compléteront l'ornementation du Parc.

Près du Palais, les quelques petits bâtiments qui s'élèvent sont des types de maisons d'ouvriers, comme il en existe aux mines de Blanzy, à Mulhouse, etc.

2° SECTION ÉTRANGÈRE.

La première partie se trouve en face de la Section française, c'est-à-dire qu'elle est circonscrite, du côté français, par la grande avenue du Parc, puis, sur les autres faces, par le quai d'Orsay, l'avenue de Suffren et la grande avenue transversale.

Lorsque l'on arrive par le pont d'Iéna et que l'on entre dans le Parc, le grand bâtiment, d'environ 80 mètres de long, dont on aperçoit les façades en pans de bois, est le Cercle international, concédé à M. Carrey. Les deux annexes adossées aux pignons du bâtiment principal sont destinées aux boutiques. L'ensemble de ces constructions, d'une surface de près de 1,800 mètres, coûtera 400,000 fr. aux concessionnaires de cet établissement.

Plus loin, et du côté de l'avenue de Suffren, s'élève en ce moment le pavillon du bey de Tunis. La gare du chemin de fer, avec ses trois pignons et ses galeries à jour, se trouve en face, et commence à se dessiner.

Le grand terrain de forme triangulaire enclos en planches, et au milieu duquel s'élève une construction à colonnades, est destiné à l'emplacement du petit temple d'Ed-fou.

A droite, côté du Palais, la construction attenante est destinée à l'établissement de fours à poulets.

A gauche du temple d'Ed-fou, un bâtiment carré, avec un petit avant-corps par derrière, a été réservé au vice-roi d'Egypte, pour son kiosque et l'établissement de ses salons de réception.

Le palais du bey de Tunis est immédiatement à la suite du Cercle international, et la construction de forme rectangulaire longeant l'avenue de Suffren formera un caravansérail, dont une partie, celle du côté de la Seine, est destinée aux hommes ; l'autre côté opposé est destiné aux animaux.

La Grande-Bretagne installe en ce moment en face du pavillon de l'Empereur les diverses

constructions nécessaires pour l'emplacement des chaudières et le cottage.

Le capitaine Pesting, aidé de M. Letrosne,
architecte à Paris, dirige les travaux de
l'Angleterre.

Comme le Parc, cette Section étrangère
est sillonnée d'avenues circulaires sans fin;
néanmoins on n'y remarque pas de traces
de lacs ou de rivières.

Le complément de la Section étrangère,
placé au sud-ouest du Champ-de-Mars, et par
conséquent à l'angle de l'École militaire et
de l'avenue de Suffren, ne paraît pas, quant
à présent, devoir être garni de beaucoup de
constructions.

La Suisse seule paraît vouloir construire
un bâtiment d'une assez grande importance,
qui sera destiné à l'ensemble de l'exposition
de cette nation.

Un poste sera placé à l'angle de la grande
avenue longitudinale.

La rotonde placée à côté d'un bâtiment
rectangulaire est destinée à l'exposition des
machines de la Belgique, et le bâtiment à
côté est une annexe pour l'exposition des
beaux-arts.

3° JARDIN RÉSERVÉ.

La partie du Parc limitée par l'avenue de la Bourdonnaye et l'École militaire est destinée à l'aménagement du jardin réservé.

La construction que l'on voit s'élever au milieu de ce quatrième quart du Champ-de-Mars est l'Aquarium marin, d'une importance très-grande, ayant un bassin dont le fond, formé de glaces reposant sur des fermes en fer, permettra aux visiteurs qui circuleront au-dessous de voir les poissons, petits ou gros, qui seront placés dans cet Aquarium.

De grandes et nombreuses serres compléteront les splendeurs de cette partie du Parc, entièrement réservée à l'horticulture et à l'acclimatation des diverses plantes étrangères et aquatiques.

Cette exposition, toute spéciale, sera sans nul doute très-appréciée par les botanistes de tous pays, et la commission impériale n'aura, en conséquence, qu'à se louer des sacrifices considérables qu'elle entend faire pour l'installation et l'aménagement de ce jardin réservé.

On ne compte pas moins de dix-sept serres qui seront installées dans cette partie du Parc, et au nombre desquelles se trouvera une serre monumentale, précédée d'une tente et d'un petit lac.

De petites rivières sillonneront au travers.

Outre l'Aquarium marin, il y aura l'Aquarium d'eau douce.

Une galerie spéciale sera installée pour les fruits naturels ou autres; à la suite, une serre pour les végétaux.

Les plantes utiles, les plantes rares, les plantes grasses, les palmiers ont aussi leurs serres spéciales.

Enfin, le grand bâtiment qui se trouve sur l'avenue de la Bourdonnaye est destiné à l'aménagement des bureaux du jury et de l'administration de l'Exposition.

Telle est, dans tous ses détails, l'énumération des beautés de ce Parc, qui n'a pas son égal au monde, et dont la direction générale a été confiée à M. Fournié, ingénieur.

L'ingénieur en chef, qui centralise tous les

services, est, comme on le pense bien, M. Al-
phand, le savant ingénieur qui a su trans-
former le bois de Boulogne en un parc
aussi beau qu'immense.

FIN